BEI GRIN MACHT SICH IHR WISSEN BEZAHLT

- Wir veröffentlichen Ihre Hausarbeit,
  Bachelor- und Masterarbeit

- Ihr eigenes eBook und Buch -
  weltweit in allen wichtigen Shops

- Verdienen Sie an jedem Verkauf

Jetzt bei www.GRIN.com hochladen
und kostenlos publizieren

Bibliografische Information der Deutschen Nationalbibliothek:

Die Deutsche Bibliothek verzeichnet diese Publikation in der Deutschen National-
bibliografie; detaillierte bibliografische Daten sind im Internet über http://dnb.d-
nb.de/ abrufbar.

Impressum:

Copyright © 2008 GRIN Verlag, Open Publishing GmbH
Druck und Bindung: Books on Demand GmbH, Norderstedt Germany
ISBN: 9783640604135

Dieses Buch bei GRIN:

http://www.grin.com/de/e-book/149555/der-geist-der-tiere

Andrea Steiger

Der Geist der Tiere

Haben nicht-menschliche Tiere ein Bewusstsein?

GRIN Verlag

 Universität Zürich

Mathematisch-naturwissenschaftliche Fakultät
Philosophie der Biologie

Der Geist der Tiere –

haben nicht-menschliche Tiere ein Bewusstsein?

Essay von Andrea Steiger
Herbstsemester 2008

Eingereicht von:
Andrea Steiger

Inhaltsverzeichnis

1. Einleitung

Der französische Philosoph René Descartes (1596 – 1650) begründete die sogenannte Zweisubstanzenlehre, welche postuliert, dass es zwei unabhängige, nicht voneinander ableitbare Substanzen gibt. Dabei unterschied Descartes zwischen einer sogenannten *res cogitans*, die „denkende Substanz" (Geist, Seele, Bewusstsein), und der *res extensa*, dem „ausgedehnten Körper" (Leib, Materie). Die „denkende Substanz" ist strikt vom „ausgedehnten Körper" zu trennen und „(…) kann als solche kein Attribut der Körperlichkeit auf sich beziehen. Sie ist somit von allen materiellen Dingen getrennt, die im Körper als *res extensa* auftreten. Die bloße Materie als *res extensa* ist somit auch streng getrennt von der denkenden Substanz (Röd, 1999, S. 73)."

Nach Thomas (2006) schrieb Descartes den Menschen als einzige Kreaturen der Welt eine *res cogitans* und damit Denkvermögen zu. Nach seiner Lehre bestehen Tiere nur aus Materie. Sie können auch als Maschinen betrachtet werden. Die Position von Descartes wurde in der Tierphilosophie kritisiert. Nach Wild (2008) verfährt die Tierphilosophie assimilationistisch. Dies bedeutet, dass bei den Gemeinsamkeiten zwischen Menschen und nicht-menschlichen Tieren angesetzt wird. Bei der Frage nach dem Geist geht die assimilationistische Sichtweise von einer Kontinuität zwischen Tieren und Menschen aus und versucht dabei graduelle Abweichungen von Geist bei verschiedenen Lebewesen festzustellen. Descartes hingegen verfährt differentialistisch und betont damit stärker die anthropologische Differenz[1].

Um die Frage zu klären, ob Tiere über einen Geist oder ein Bewusstsein verfügen, muss in erster Linie dargelegt werden, was unter Bewusstsein zu verstehen ist und welche Arten von Bewusstsein in der Philosophie unterschieden werden.

2. Definition von Bewusstsein

Zum Zweck dieses Essays scheint mir die Unterscheidung der Bewusstseinszustände nach Searle in intentionale geistige Zustände und qualitative geistige Zustände oder Qualia angemessen. Searle beschreibt einerseits geistige Zustände und Ereignisse, die Intentionalität beinhalten. Solche intentionalen geistigen Zustände sind zum Beispiel Überzeugungen, Befürchtungen, Hoffnungen oder Wünsche. Andererseits gibt es qualitative geistige Zustände

---

[1] Unter „anthropologischer Differenz" versteht man, dass man von einem *prinzipiellen* Unterschied zwischen Menschen und Tieren ausgeht. Man versucht herauszufinden, was den Menschen von *allen* anderen Tieren unterscheidet (Wild, 2008, S. 27).

wie beispielsweise Formen von Nervosität oder Hochstimmungen, die keine Absicht mit einschliessen. So müssen intentionale geistige Zustände wie beispielsweise Befürchtungen oder Hoffnungen immer „(….) von etwas handeln, während (…) Nervosität und Unruhe nicht in dieser Weise von etwas handeln müssen (Searle, zit. nach Wild, 2008, S. 23)."

Qualitative geistige Zustände besitzen subjektiven Erlebniswert oder phänomenalen Charakter (vgl. auch Weber, 2008) und können auch nur gegenwärtig erlebt werden. Ausserdem müssen sie nicht auf einen Gegenstand gerichtet sein, während intentionale Zustände nur auf etwas gerichtet existieren. Auch Damasio (2000, zit. nach Griffin & Speck, 2004) unterscheidet zwischen einem sogenannten "Kernbewusstsein" und einem „Erweiterten Bewusstsein". Während ersteres auf das Selbst und das hier und jetzt gerichtet ist, ohne Bezug zu nehmen auf die Zukunft oder die Vergangenheit, ist letzteres darüber hinaus fähig, ein elaboriertes Selbstbild zu entwerfen und sich in einer individuellen historischen Zeit einzuordnen. Es beinhaltet demnach den Bezug zur Vergangenheit und zur Zukunft.

3. Kalifornischen Buschhäher erinnern sich, wer sie wann beobachtet hat – eine Studie als Beleg für die Existenz eines Bewusstseins bei Tieren?

Zur philosophischen Erörterung der Frage, ob Tiere ein Bewusstsein haben, möchte ich auf einen Artikel von Dally, Emery und Clayton (2006) eingehen, welcher aufzeigt, welche ausserordentlichen Verhaltensweisen der kalifornische Buschhäher *(Aphelocoma californica)* beim Verstecken von Nahrung zeigt.

Ziel der Autoren war festzustellen, ob sich diese Vögel erinnern, wer sie beim Nahrungsverstecken beobachtet hat und ob sie ihr Verhalten aufgrund dieser Erinnerung anpassen. Die Forscher wollten damit zeigen, dass Buschhäher Taktiken anwenden, um ihre Nahrungslager vor Diebstahl durch Artgenossen zu schützen. Kalifornische Buschhäher verfügen über hierarchische Strukturen in ihren Gemeinschaften und es kann vorkommen, dass dominantere Vögel untergeordneten Vögeln deren Vorräte ausrauben. Untergeordnete Vögel haben dabei keine Chance, ihr Lager zu verteidigen.

Dally et al. (2006) untersuchten in einem ersten Experiment das Versteckverhalten von kalifornischen Buschhähern unter unterschiedlichen Beobachtungsbedingungen durch Artgenossen. Die Experimentalbedingungen unterschieden sich dahingehend, dass einmal Vögel ihre Nahrung ohne die Beobachtung durch einen anderen Vogel verstecken konnten, einmal in Anwesenheit ihrer Partner und einmal unter Beobachtung eines untergeordneten Vogels beziehungsweise dominanteren Vogels. Die Vögel konnten die Nahrung nun verstecken und wurden dann zurück in den Käfig gebracht. Nach drei Stunden gelangten die Vögel wieder zu ihrem Zwischenlager. Erstaunlicherweise verlagerten die Vögel, die unter Beobachtung eines besonders dominanten Artgenossen gewesen waren, ihre Nahrung häufig neu, während die Vögel in den anderen Experimentalbedingungen dies weniger oft taten. Ausserdem versteckten die Vögel ihr Futter unter den letzt genannten Bedingungen (Beobachtung von untergeordneten und dominanten Vögeln) weiter weg als unter den beiden erst genannten Experimentalbedingungen (ohne Beobachtung und Anwesenheit von Partnern).

Überraschend ist, dass sich der Vogel, welcher Nahrung versteckt[2], je nach vorheriger Bedingung anders verhält. Er scheint sich daran zu erinnern, welcher Artgenosse während des Versteckens der Nahrung dabei war. War er alleine, mit seinem Partner oder unter Beobachtung eines untergeordneten Vogels, verlagerte er seine Nahrung nicht sehr häufig. War er jedoch unter Beobachtung eines dominanten Vogels unterschied sich sein Verhalten

---

[2] Im Folgenden teilweise auch „Nahrungsverstecker" genannt.

signifikant von den anderen Bedingungen, indem er sein Versteck häufig umdisponierte. Kalifornische Buschhäher scheinen flexibel auf verschiedene Situationen zu reagieren.

Die Autoren Dally et al. (2006) schliessen aus ihrem Experiment, dass sich kalifornische Buschhäher für den Schutz ihrer Nahrungslager einsetzen *um* das Risiko eines Raubes zu verhindern. Sie vermuten hinter dem Verhalten des Buschhähers demnach Wünsche oder Absichten. Aus dieser Interpretation wird nicht klar, ob die Vögel die *Absicht* der Nahrungssicherung *nur auf sich selbst* und ihre Nahrung beziehen oder ob sie auch die *Intentionen der anderen Artgenossen* „mit einberechnen".

Zieht man erstere Interpretation herbei, kann man das Verhalten so verstehen, dass die Vögel erstens *erinnern,* dass ein dominanter Artgenosse und gleichermassen potentieller Räuber während des Versteckens anwesend war. Zweitens könnte diese *Erinnerung* an den potentiellen Räuber eine vielleicht nicht genau definierbare Angst auslösen, was sie dazu *veranlasst,* aufgrund eines – wie auch immer gearteten – Gedankenganges die *Intention* zu entwickeln, ihr Nahrungsversteck neu zu verlagern. Die Zielgerichtetheit ihrer Absicht bezieht nur das Nahrungslager und sich selbst, nicht aber die Absicht des anderen Vogels mit ein.

Eine weiterführende Interpretation des Verhaltens erscheint möglich. Kalifornische Buschhäher sind möglicherweise nicht nur in der Lage, eigene Absichten in Verhalten umzuformen, man gewinnt sogar den Eindruck, dass sie fähig sind, sich die Intentionen ihrer Artgenossen vorzustellen. Der Grund für ihr Verhalten wäre dann, dass sie sich bewusst sind, dass die dominanten Artgenossen *beabsichtigen,* ihr Versteck auszurauben, während von den untergeordneten Vögeln sowie von den Partnern eine geringere Gefahr ausgeht. Deshalb sind sie bei den dominanteren Artgenossen vorsichtiger und verlagern ihren Vorrat, während dies unter Beobachtung von untergeordneten Vögeln nicht notwendig ist. Wenn man davon ausgeht, dass die Buschhäher *denken,* dass die Beobachter um ihr Versteck *wissen* und deshalb ihr Lager verlagern, *damit* der Beobachter am falschen Ort sucht, spricht man vom Vorhandensein einer *Theory of Mind.*

Eine *Theory of Mind* ist ein psychologisches Konstrukt und beschreibt die Vorhersage von Handlungen anderer Personen aufgrund von Informationen über deren Absichten und Ziele einerseits und deren Überzeugungen und Glauben andererseits[3]. Setzt man eine *Theory of Mind* bei den kalifornischen Buschhähern voraus, würde dies postulieren, dass sie nicht nur eigene Intentionen haben, sondern auch um die Intentionen und Überzeugungen der

---

[3] Dorsch, Psychologisches Lexikon, S. 594.

beobachtenden Vögel wissen, was als ausserordentlich komplexes Denken zu betrachten wäre. Diese Fähigkeit entwickelt sich selbst bei Menschenkindern erst im Alter von etwa dreieinhalb bis sieben Jahren.[4]

Eine weitere Erklärung des ausserordentlichen Verhaltens des kalifornischen Buschhähers kommt ohne Begriffe wie „Intentionen" oder „Theory of Mind" aus. Es könnte sein, dass behavioristische Verhaltensprogramme zum tragen kommen. Behavioristische Ansätze verstehen Verhalten als reine Reiz-Reaktions-Schemata.

Gemäss diesem Ansatz würde der dominante Artgenosse während des Versteckens von Nahrung durch den Nahrungsverstecker als negativer oder aversiver Reiz wahrgenommen. Da der aversive Reiz, welcher in einem unangenehmen Gefühl resultiert, mit dem momentanen Versteck assoziiert wird, disponiert der Buschhäher sein Lager bei nächster Gelegenheit um. Nach dieser Auffassung erinnert sich der Vogel nicht an vergangene Episoden, sondern reagiert ausschliesslich auf Reize seiner Umwelt und bildet Assoziationen, welche sein Verhalten steuern.

Ein weiteres Resultat des ersten Experimentes betrifft den Ort der Nahrungslagerung in der ersten Phase des Versteckens. Während Buschhäher in Anwesenheit oder unter Beobachtung ihres Partners einen nahe gelegenen Ort aussuchen, um ihre Nahrung zu verstecken, tun sie dies nicht, wenn sie unter Beobachtung eines untergeordneten oder dominanten Artgenossen stehen. Das Besondere daran ist, dass bei Vorhandensein einer „Risikoeinschätzung" zu erwarten wäre, dass sie nur dann weit weg lagern, wenn ein dominanter Vogel anwesend ist. Bei einem untergeordneten Vogel hingegen haben sie die Möglichkeit, ihre Nahrung zu verteidigen – es ist weniger Vorsicht geboten.

Dally et al. (2006) merken kritisch an, dass die Vögel möglicherweise eine Prädisposition besitzen, ihre Nahrung weit weg von ihren Nicht-Partnern (dominante *und* untergeordnete Vögel) zu verstecken. Die Autoren argumentieren gleichzeitig dagegen, dass ihre jüngste Kohorte dieses Verhalten nicht zeigte, und man daher nicht von einer Prädisposition sprechen kann. Vielmehr hätten sie die Erfahrung von ausgeraubten Lagern noch nicht gemacht. Da diese Erfahrung noch nicht vorhanden ist, können sie sich auch nicht daran erinnern und verhalten sich dementsprechend unangepasst. Diese Interpretation stellt ein Plädoyer für das Vorhandensein einer bewussten Verarbeitung der Situation dar. Nur Vögel, die sich an etwas erinnern konnten, lagerten weit weg. Es könnte aber auch vermutet werden, dass die jungen

---

[4] Skript zur Entwicklungspsychologie WS 06/07, Prof. Dr. Wilkening, Universität Zürich

Vögel noch kein derart ausgeprägtes Dominanzverhalten entwickelt haben und deshalb nicht so stark auf Hierarchien ansprechen.

Ein noch einfacherer Ansatz kann zur Klärung des Problems herbeigezogen werden: Aversive Reize, die durch Nicht-Partner aufgrund fehlender Vertrautheit ausgelöst werden, resultieren im Verhalten, sich weit weg von ihnen zu bewegen um negativen Gefühlen auszuweichen.

Allerdings ist auch bei dieser Interpretation schwierig zu beantworten, weshalb die Vögel – wenn der Grund für ihr Verhalten aversive Gefühle gegen Nicht-Partner sind – in der zweiten Phase ihr Lager nur dann umdisponieren, wenn vorher ein dominanter Artgenosse anwesend war, nicht aber wenn ein untergeordneter Artgenosse anwesend war. Aber auch hier bietet sich eine reizbasierte Erklärung an: Zwar nehmen Nahrungsverstecker sowohl untergeordnete wie dominante Artgenossen als aversiven Reiz wahr, was sie dazu veranlasst, weit weg von ihnen zu lagern, aber nur das Lagern unter Anwesenheit des dominanten Artgenosse resultierte in einem Gefühl der Angst, was den Vogel in der zweiten Phase dazu veranlasst, sein Versteck zu verlagern.

Für das erste Experiment kann zusammenfassend gesagt werden, dass sowohl die Interpretation der Autoren, welche kalifornischen Buschhähern intentionale geistige Zustände beimessen wie auch ein reizbasierter Ansatz mögliche Erklärungen für das Verhalten liefern. Des Weiteren ist möglich, dass die Fähigkeit, die Intentionen anderer zu verstehen, vorliegt – das Vorhandensein einer *Theory of Mind* darf nicht ausgeschlossen werden.

Da Dally et al. (2006) reizbasierte Erklärungen für das Verhalten des kalifornischen Buschhähers entkräften wollten, veränderten sie die Bedingungen in einem zweiten Experiment, um festzustellen ob Buschhäher erinnern, wer während spezifischer Nahrungslagerungen anwesend war. Dazu gaben sie acht Vögeln während acht Durchgängen die Möglichkeit Nahrung zu verstecken, während jeweils ein anderer Vogel (Vogel A oder Vogel B) zusah (erste Phase). Drei Stunden später (zweite Phase) konnten die Vögel zu ihrem Lager zurück, entweder waren sie dann alleine oder in Anwesenheit eines Artgenossen, der sie beobachtet hatte oder im Blickfeld eines Kontrollvogels, der den Vogel beim Verstecken nicht beobachtet hatte. Um Erklärungen bezüglich Affekten in Hinblick auf sozialen Status zu vermeiden, waren alle Vögel etwa von gleichem hierarchischem Rang.

Der Anteil von Nahrung, der in der zweiten Phase umgelagert wurde, war signifikant grösser, wenn ein Artgenosse dabei war, der den Vogel bereits in der Versteckphase beobachtet hatte. Ausserdem konnten die Forscher feststellen, dass unter der beobachteten Bedingung zweimal häufiger Nahrung verschoben wurde als unter der unbeobachteten Bedingung.

Dally et al. (2006) vermuten, dass dieses Verhalten der Verwirrung des Beobachters dient. Mehrmaliges Verschieben von Nahrungszwischenlagern führt dazu, dass der Beobachter grössere Schwierigkeiten hat, das Versteck aufzufinden. Die Forscher gehen wiederum von absichtsvollem Verhalten der kalifornischen Buschhäher aus. Sie schreiben ihnen Gedankengänge und daraus resultierende Intentionen zu. Auch setzen die Autoren hier eine *Theory of Mind* voraus, da die Fähigkeit zur gezielten Verwirrung von jemandem voraussetzt, dass man weiss, welche Absichten dieser jemand hat.

Es ist aber auch hier möglich, blosse Assoziationen aufgrund verschiedener Reize als Erklärung herbeizuziehen. Der kalifornische Buschhäher nahm den Beobachter während des Lagerns als unangenehmen Reiz wahr. Der daraus resultierende unangenehme Zustand wurde verstärkt, sobald der Beobachter wieder auftauchte, was zum gezeigten Verhalten führte. Ein mehrmaliges Verschieben von Zwischenlagern muss nicht zwingend Ausdruck strategischen Abwägens sein, sondern kann auch auf einem unangenehmen Zustand, Nervosität oder Unwohlsein beruhen. Wie in der eingangs erläuterten Definition nach Searle „(...) muss Nervosität oder Hochstimmung nicht immer *von etwas* handeln."

Die Autoren selbst fügen kritisch an, dass Buschhäher, die ihre Nahrung versteckten, unter Umständen auf Reize durch ihre Beobachter reagierten. Es ist möglich, dass Beobachter, die gesehen hatten, wo Nahrung versteckt worden war, dem Nahrungsverstecker in der zweiten Phase wesentlich mehr Aufmerksamkeit schenkten als die Kontrollvögel, die nicht beobachtet hatten, wo die Nahrung versteckt wurde.

Damit auch die methodischen Probleme dieser zweiten Untersuchung eliminiert werden konnten, führten die Autoren ein drittes Experiment durch. In diesem Experiment wiederholten die Autoren die „Beobachtungsbedingung" und kontrastierten diese mit einer sogenannten „Beobachtungs-Kontroll-Bedingung". Die beiden Bedingungen waren identisch, ausser dass in der „Beobachtungsbedingung" der Beobachter den gleichen Vogel in der ersten (erstmaliges Verstecken) und in der zweiten Phase (Zurückkehren zum Versteck) sah, während in der „Beobachtungs-Kontroll-Bedingung" der Kontrollvogel in der zweiten Phase einen anderen Vogel beobachtete, der sein Versteck wieder aufsuchte, als denjenigen, der in der ersten Phase seine Nahrung versteckte.

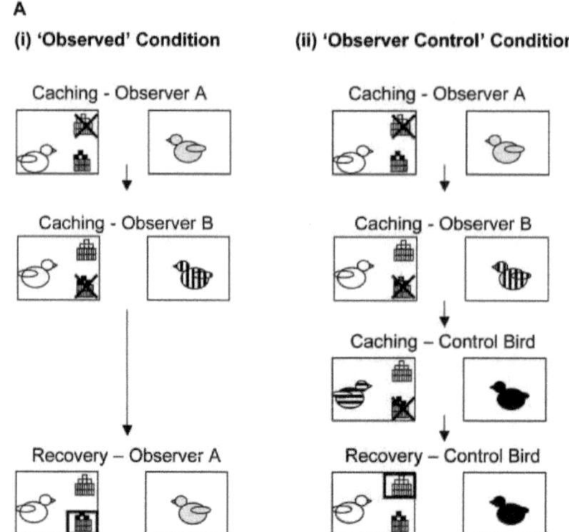

Abbildung 1: Beobachtungsbedingung und Beobachtungs-Kontrollbedingung des dritten Experimentes. Der weisse Vogel zeigt den Nahrungsverstecker für beide Bedingungen an, der horizontal gestreifte Vogel zeigt einen zusätzlichen Nahrungsverstecker in der Beobachtungskontrollbedingung an. Der graue Vogel stellt Beobachter A dar, der vertikal gestreifte Vogel stellt Beobachter B dar und der schwarze Vogel ist der Kontrollvogel. Das schwarze X steht für nicht beobachtbares Versteck und das Rechteck steht für den beobachteten Ablageort. (Dally et al., 2006, S. 1664)

Mit der zusätzlichen Einführung der Kontrollvogels, der zwei unterschiedliche Vögel während des Versteckens beobachtete, wollten die Autoren die Kritik verhindern, dass die Nahrungsverstecker bloss auf Reize, die durch den Beobachter ausgelöst wurden, reagierten.

Wenn das Verhalten bei der Rückkehr zum Nahrungsversteck/Lager durch die Erinnerung an die Präsenz eines bestimmten Individuums mediiert ist, dann sollte dieses Verhalten in den beiden Bedingungen unterschiedlich ausfallen. Nahrungsverstecker in der Beobachtungsbedingung sollten ihre Nahrung vor allem von jenem Ablageort entfernen und neu verstecken, bei welchem sie beobachtet wurden (beobachteter Ablageort, schwarzes Rechteck in der Abbildung). Wenn jedoch der Kontrollvogel in der zweiten Phase anwesend war, sollte von beiden Ablageorten wenig bis keine Nahrung neu versteckt werden.

Gemäss Dally et al. (2006) führt ein reizbasiertes Verhalten zu anderen Vorhersagen. Wenn Beobachter vor allem gegenüber Ablageorten, bei denen sie Nahrungsverstecke beobachtet hatten, aufmerksam sind und wenn Nahrungsverstecker diese Aufmerksamkeit der

Beobachter als Grundlage für ihr Verlagerungsverhalten benutzen, dann müssten sie in beiden Bedingungen vor allem im beobachteten Ablageort Nahrung neu verlagern.

Die Resultate sprechen für erstere Annahme der Forscher. In der „Beobachtungsbedingung" wurde Nahrung in erster Linie vom beobachteten Ablageort entfernt, während in der „Beobachtungs-Kontrollbedingung" im wiederholten Verstecken von Nahrung kein Unterschied zwischen den Ablageorten gemacht wurde.

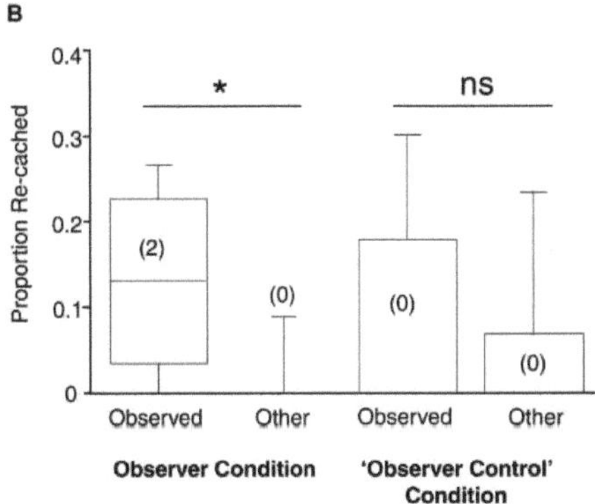

Abbildung 2: Medianverhältnis (25. Perzentil and 75. Perzentil) und mittlere Anzahl (in Klammern) von Nahrungseinheiten, die umdisponiert wurden vom beobachteten Ablageort und nicht beobachteten Ablageort (in der Grafik: „Other") in der „Beobachtungsbedingung" und in der „Beobachtungs-Kontrollbedingung. Das Sternchen bedeutet $p < 0.05$ und ist auf dem 5-Prozent-Niveau signifikant. ns bedeutet nicht signifikant. (Dally et al., 2006, S. 1664)

Die Resultate deuten darauf hin, dass kalifornische Buschhäher tatsächlich erinnern, welcher Artgenosse sie bei einem spezifischen Versteckort beobachtet hat und sie je nach Erinnerung flexibel darauf reagieren. Damit kann man die Erklärungsalternative, dass die Vögel lediglich auf Merkmale des Beobachters reagieren, also reizbasiertes Verhalten zeigen, vorläufig verwerfen.

Trotzdem scheint mir ein behavioristischer Erklärungsansatz auch hier möglich. Es ist nämlich möglich, dass die Nahrungsverstecker Beobachter A und Beobachter B als aversive Reize wahrnehmen und daraus ein unangenehmes Gefühl oder Angst resultiert.[5] Weil der Kontrollvogel den Nahrungsversteckern noch nie im Zusammenhang mit dem Lagern von

---

[5] Voraussetzung dafür wäre, dass kalifornische Buschhäher beim Nahrungsverstecken in der Regel ungestört sind und dass das Beobachten durch andere Vögel als unangenehm erlebt wird.

Nahrung begegnet ist, wird er auch nicht als aversiver Reiz wahrgenommen. Das würde erklären, weshalb sie nicht sonderlich darum bemüht sind, ihre Nahrungsverstecke umzulagern. Auch die signifikante Differenz im Verlagern vom beobachteten Ablageort gegenüber dem nicht beobachteten Ablageort lässt sich behavioristisch erklären. Da ein Ablageort nicht beobachtbar war, fühlt sich ein Vogel dort ungestört. Negative Assoziationen kommen nicht auf. Im beobachteten Ablageort hingegen entstehen negative Assoziationen, welche in der zweiten Phase wiederum entstehen, was zu einer stärkeren Umlagerung der Nahrung nur an diesem Ort führt.

Zurück zur Frage, ob wir anhand dieser Studie neue Erkenntnisse bezüglich des Bewusstseins von Tieren gewonnen haben. Es ist offensichtlich, dass die fehlende Kommunikationsmöglichkeit mit Tieren das eigentliche Hindernis darstellt, um diese Frage endgültig klären zu können. Zwar erläutern Griffin und Speck (2004), dass die Buschhäher alle objektiven Kriterien von *episodischem Gedächtnis* erfüllen, aber Wild (2008) weist darauf hin, dass durch diese Experimente lediglich gezeigt wird, dass sich die kalifornischen Buschhäher an das Was, Wo und Wann ihrer eigenen Tätigkeiten erinnern können, nicht aber ob wirklich ein Bewusstsein über diese Tätigkeiten vorliegt. Das Erinnern solcher Tätigkeiten wird *episodisches Gedächtnis* genannt. Zur Definition dieses Begriffes, so Wild (2008), gehört auch das sogenannte „autonoetische Bewusstsein", das sich vom Traum- oder Wahrnehmungsbewusstsein dahingehend unterscheidet, dass es das erinnerte Bewusstsein eigener Erlebnisepisoden darstellt.

Trotzdem konnte in diesen Experimenten nicht nachgewiesen werden, ob kalifornische Buschhäher sich tatsächlich *bewusst* sind, was in einer früheren Episode geschehen ist, sie verhalten sich bloss so, *als ob* sie es wären. Folglich muss nicht davon ausgegangen werden, dass Tiere über ein Bewusstsein verfügen. Ein Verhaltensprogramm, ausgelöst durch Umweltreize, dient als Alternativerklärung für das Verhalten des Buschhähers.

Wie aber eingangs erläutert, unterscheidet man in der Philosophie des Geistes zwei Arten von Bewusstsein: intentionale, geistige Zustände und qualitative, geistige Zustände, die phänomenalen Charakter besitzen. Meines Erachtens können Tieren letztere Zustände nicht abgesprochen werden, denn auch behavioristische Ansätze kommen nicht ohne Begriffe wie beispielsweise „Aversion" aus, welche einen unangenehmen Zustand ja geradezu mit einschliessen. Man muss annehmen, dass dem Verhalten von Tieren ein Erleben zugrunde liegt, welches einen – wie auch immer gearteten - phänomenalen Charakter aufweist, da ein

Tier ohne jegliches Erleben wahrscheinlich keinen Grund hätte, irgendeine Handlung zu begehen. Es ist aber ungeklärt, wie sich diese Zustände für Tiere äussern und ob Nervosität für Menschen ungefähr ähnlich erlebbar ist wie für nicht-menschliche Tiere. Hier stehen wir vor dem Problem, welches mit dem phänomenalen Charakter solcher Zustände zusammenhängt:

> „Man muss sie erlebt haben, um ihren phänomenalen Charakter zu erfassen. Wenn Sie zum Beispiel von Geburt an farbenblind sind, so ist es schwierig zu erklären, wie zum Beispiel rot aussieht. Die Wirkung der roten Farbe auf das Bewusstsein ist nur einem Bewusstsein zugänglich, das dieser Wirkung einmal ausgesetzt war."(Weber, 2008, S. 6)

Da wir die Perspektive eines Buschhähers nicht einnehmen können, wissen wir nicht, wie sich sein Erleben äussert, ob und wie sich seine Erinnerungen manifestieren und ob er vielleicht gar Empathie für seine Artgenossen empfinden kann.

Die Forscher Dally et al. (2006) schreiben den kalifornischen Buschhähern, wie in diesem Essay aufgezeigt wurde, nicht nur qualitative, geistige Zustände zu, sondern darüber hinaus auch intentionale Zustände und teilweise sogar eine *Theory of Mind*. Zumindest muss dies aufgrund der Schreibweise des Artikels so verstanden werden. Obwohl die Argumentationsweise der Autoren nachvollziehbar ist, wurde in diesem Essay versucht aufzuzeigen, dass auch einfachere, rein reizbasierte Verhaltensprogramme als Alternativerklärung herbeigezogen werden können. Um zu entscheiden, welche Interpretation als angemessener zu betrachten ist, stehen wir nach Clayton et al. vor einem unlösbaren Problem:

> „Die grosse Lücke besteht darin, dass es keine Belege dafür gibt, dass die Vögel autonoetisches Bewusstsein zum Aufruf ihrer Erlebnisse in der Vergangenheit verwenden. Dies ist bei Tieren wahrscheinlich nicht testbar, denn dieser Zustand äussert sich nicht in offenkundiger Weise im nicht sprachlichen Verhalten. Dieser Zug macht das episodische Gedächtnis momentan zu einer einzigartig menschlichen Erscheinung, und das wird wahrscheinlich immer so bleiben." (Clayton et al., zit. nach Wild, 2008, S. 134)

Wenn wir der Annahme folgen, dass kalifornische Buschhäher bewusst *erinnern* können, wäre diesen Tieren nach Damasios (2000, zit. nach Griffin & Speck, 2004) Definition von Bewusstsein zumindest teilweise ein „Erweitertes Bewusstsein" zuzuschreiben, da sich ihr Verhalten in den beschriebenen Experimenten nicht ausschliesslich auf die Gegenwart richtet, sondern sich in Abhängigkeit von vergangenen Episoden unterscheidet. Offensichtlich ist es auch eine Frage der Definitionsweise, inwieweit Tieren Bewusstsein beigemessen wird.

In einem letzten Abschnitt möchte ich kurz auf zwei Positionen eingehen, die auf die Frage der Relevanz des Bewusstseins bei nicht-menschlichen Tieren eingehen. Zunächst stelle ich Carruthers Position vor, welcher die Auffassung vertritt, dass die moralischen Implikationen bei einem Vorhandensein oder einem Nicht-Vorhandensein eines Bewusstseins bei nicht-menschlichen Tieren die gleichen seien. Danach stelle ich die Gegenposition durch Allen und Shriver auf, welche der Meinung sind, dass das Fehlen eines Bewusstseins bei nicht-menschlichen Spezies mit grosser Wahrscheinlichkeit weitreichende Konsequenzen unter anderem im Tierrecht nach sich ziehen würde. Abschliessen werde ich mit einer Stellungnahme zu den Positionen.

Bio 116 – Philosophie der Biologie, Herbstsemester 2008
Essay von Andrea Steiger, Betreuung: Prof. Dr. Marcel Weber

4. Ethische Implikationen

Carruthers (2005) ist der Meinung, dass praktisch alle nicht-humanen Tiere unfähig sind, bewusste Erlebnisse von Perzeptionen zu haben. Nach Carruthers (2005) teilen wir mit Tieren nur sogenannte erstrangige Zustände. Diese erstrangigen Zustände werden Tieren nicht bewusst, uns aber werden sie durch höhere Gedankengänge (Higher Order Thought Theory, vergleiche Carruthers, 2005) gewahr. Ob Tiere fähig oder unfähig zur bewussten Verarbeitung von perzeptuellen Zuständen sind, ist seines Erachtens ohnehin irrelevant und impliziert keine veränderte Moral gegenüber Tieren. Seiner Ansicht nach soll die Behandlung von nicht-menschlichen Tieren dieselbe sein, unabhängig davon, ob zum Beispiel Schmerzen oder Enttäuschungen für Tiere bewusst oder unbewusst erlebbar sind. Die Gemeinsamkeit der erstrangigen oder niederen Zustände genüge, um Tiere für uns „moralisch signifikant" zu machen. Er weist darauf hin, dass verletzendes oder quälendes Verhalten gegenüber Tieren durch seine Theorie nicht rechtfertigbar sei.

Shriver und Allen (2005) halten dagegen, dass die Fähigkeit zur bewussten Verarbeitung als äusserst relevant zu betrachten ist. Die Autoren argumentieren, selbst wenn oben genannte Gedanken stringent sind, so muss beachtet werden, dass die meisten Menschen Tieren bewusste Zustände *zuschreiben,* wenn sie beispielsweise Mitleid mit leidenden Tieren ausdrücken. Sollte demnach Carruthers Theorie anerkannt werden, so befürchten Shriver und Allen (2005), wird die Behandlung von Tieren mit Sicherheit ändern. Carruthers Theorie würde eine drastische Änderung der momentanen Situation bezüglich Tierbehandlungen und Rechten von Tieren ermöglichen. Ein ideales Beispiel scheint mir Tierforschung zu sein. Gingen Ethikkommissionen nicht davon aus, dass Versuchstieren Schmerzen auf irgendeine Art bewusst werden, müsste möglicherweise geprüft werden, ob die zur Zeit relativ strengen Vorgaben gerechtfertigt wären, da dadurch auch Forschungsprozesse zum Beispiel zur Erlangung wichtiger medizinischer Erkenntnisse für die menschliche Gesundheit wesentlich verlangsamt werden. Es liegt nahe zu vermuten, dass bei völlig unbewusster Verarbeitung jeglicher Wahrnehmungen ethische Vorgaben bezüglich der Tierforschung weniger streng ausfallen würden. Die Unterschiede zwischen menschlichen und nicht-menschlichen Tieren dürften nach der Theorie Carruthers in der Wahrnehmung der zuständigen Personen stärker auftreten und es ist anzunehmen, dass dies auch entsprechende Entscheidungen beeinflussen dürfte.

Da wir bei der Behandlung von Tieren vom Menschen ausgehen müssen, halte ich es für angemessen darüber zu spekulieren, welche Konsequenzen eine Interpretation im Sinne Carruthers Theorie bezüglich der Beziehung zwischen Mensch und Tier haben könnte.

Tierspenden, Tierhilfen, Empörung gegenüber Misshandlung von Tieren sind meines Erachtens Resultate von Anthropomorphismen – Zuschreibungen von menschlichen Empfindungen und Verhaltensweisen auf Tiere – und sähen wir tierische Empfindungen, Verhaltensweise oder Gefühle als grundsätzlich distinkt von unseren eigenen, dann wären wir womöglich zu solchen Attributionen nicht fähig. Ich stimme mit Shriver und Allen (2005) überein, wenn wir gut daran tun, zu beachten, dass die meisten Menschen Tieren bewusste Zustände zuschreiben, auch wenn wir vielleicht nie nachweisen können, dass Tiere tatsächlich über ein Bewusstsein verfügen.

Es muss allerdings festgehalten werden, dass Carruthers (2005) keine Annahmen darüber macht, wie andere Menschen seine „Higher Order Thought Theory" interpretieren und welche (Fehl-)Schlüsse daraus gezogen werden könnten. Er vertritt lediglich die Auffassung, dass perzeptuelle Zustände bei Tieren unbewusst, beim Menschen bewusst verarbeitet werden. Diese Auffassung führt nicht direkt in eine veränderte Moral gegenüber Tieren, sondern *kann* höchstens durch unsere Interpretation zu dieser Konsequenz führen, da wir wahrscheinlich unbewusste Verarbeitung als weniger tiefgreifend oder nachwirkend betrachten als bewusste Verarbeitung.

5. Fazit

Im vorliegenden Essay ging ich anhand einer wissenschaftlichen Studie am Beispiel des kalifornischen Buschhähers der Frage nach, inwieweit bei nicht-menschlichen Tieren von einem Bewusstsein gesprochen werden kann. Wie im ersten Abschnitt dargelegt, unterscheidet man verschiedene Arten von Bewusstsein; ein entscheidendes Unterscheidungskriterium liegt in der Zielgerichtetheit von intentionalen, geistigen Zuständen gegenüber dem „blossen" Erleben von qualitativen Zuständen.

Die Autoren der Studie untersuchten mittels mehreren Experimenten, ob kalifornische Buschhäher ihr Verhalten je nach vergangenen Episoden anpassen. Da die Tiere tatsächlich unterschiedliches Verhalten je nach An- oder Abwesenheit von beobachtenden Vögeln in vorangegangen Phasen zeigten, schlossen die Forscher auf ein episodisches Gedächtnis und vermuteten als Grundlage dieses Verhaltens intentionale Zustände. Obwohl das Verhalten der Vögel als ausserordentlich zu betrachten ist, dürfen behavioristische Verhaltensprogramme als Erklärungsgrundlage nicht ausgeschlossen werden.

Die Klärung der Frage nach dem Bewusstsein von Tieren erfährt seine grösste methodische Schwierigkeit darin, dass sich das Bewusstsein nicht direkt im Verhalten äussert (vgl. Clayton et al., zit. nach Wild, 2008).

Wäre die Frage nach dem Bewusstsein von Tieren geklärt, wäre davon auszugehen, dass die Behandlung von nicht-menschlichen Tieren durch den Menschen je nach Vorhandensein oder Fehlen eines Bewusstseins unterschiedlich ausfallen dürfte. Aber auch hier bleibt die Frage offen, ob unbewusstes gegenüber bewusstem Erleben von perzeptuellen Zuständen als weniger signifikant zu betrachten ist.

Literaturverzeichnis

Carruthers, P. (2005). Why the Question of Animal Consciousness Might Not Matter Very Much. *Philosophical Psychology, 18* (1), 83 – 102.

Dally, J. M., Emery, N. J., & Clayton, N. J. (2006). Food-Caching Western Scrub-Jays Keep Track of Who Was Watching When. *Science, 312,* 1662 – 1665.

Häcker, H. O., & Stapf, K.-H. (Hrsg.) (2004). *Dorsch. Psychologisches Wörterbuch.* Bern: Hans Huber Verlag.

Griffin, D. R., & Speck, G. B. (2004). New Evidence of Animal Consciousness. *Animal Cognition, 7 (5),* 5 – 18.

Shriver, A., & Allen, C. (2005). Why the Question of Animal Consciousness Might Matter Very Much. *Philosophical Psychology, 18* (1), 103 – 111.

Röd, W. (Hrsg.) (1999). *Die Philosophie der Neuzeit. Geschichte der Philosophie.* München: Beck Verlag.

Thomas, J. (2006). Does Descartes Deny Consciousness to Animals? *Ratio,* XIX, 0043 – 0006.

Wild, M. (2008). *Tierphilosophie zur Einführung.* Hamburg: Junius Verlag.

Wilkening, F. (2006). *Entwicklungspsychologie.* Vorlesungsskript, Wintersemester 2006/2007. Universität Zürich.

Weber, M. (2008). *Können Tiere denken?* Vorlesungsskript zum Modul „Philosophie der Biologie", Herbstsemester 2008, Universität Zürich.